DU FAISAN,

CONSIDÉRÉ

DANS L'ÉTAT DE NATURE ET DANS L'ÉTAT DE DOMESTICITÉ,

PAR M. LÉON BERTRAND,

Directeur du Journal des Chasseurs;

TRAITÉ SUIVI DE QUELQUES INSTRUCTIONS PRATIQUES

RELATIVES

A l'Établissement d'une Faisanderie et à l'Éducation des Faisans,

PAR M. ADRIEN ROUZÉ,

EX-GARDE FAISANDIER A ST-GERMAIN.

Et orné de Lithographies par MM. GRENIER, LAROCHE, etc.

PRIX : 3 FR. 50 CENT.

PARIS

AU BUREAU DU JOURNAL DES CHASSEURS,

RUE VIVIENNE, 37,

MAISON LEFAUCHEUX.

Imp. de Lemercier, Paris

DU FAISAN

CONSIDÉRÉ

DANS L'ÉTAT DE NATURE ET DANS L'ÉTAT DE DOMESTICITÉ.

DU FAISAN

Considéré dans l'état de liberté et de nature.

Comme l'a dit Buffon, il suffit de nommer cet oiseau pour se rappeler le lieu de son origine.

Le faisan, en anglais *pheasant*, nom dont l'orthographe, moins altérée que la nôtre, se rapproche davantage de sa véritable étymologie, est, en effet, originaire des bords du *Phase*, le célèbre fleuve de la Colchide.

Sont-ce les Argonautes qui, lors de leur expédition sous la conduite de Jason, découvrirent ces beaux oiseaux répandus sur les bords du fleuve, et qui, les premiers, en importèrent l'espèce dans leurs contrées? Nous n'attesteront point l'existence d'un fait qui touche de trop près aux récits merveilleux de la fable, pour qu'on en garantisse l'authenticité; nous nous contenterons de dire, à l'exemple de notre grand naturaliste, et bien convaincu d'avance de voir en cela son opinion partagée par tous nos chasseurs, que si ce furent effectivement ces hardis aventuriers qui propagèrent le faisan dans la Grèce, ils lui firent un présent plus riche que celui de la Toison-d'Or.

Cet oiseau magnifique, qui peut le disputer au paon pour la beauté du plumage, et qui, bien que modelé sur des proportions moins élégantes et moins légères, ayant le cou plus raccourci, le corps plus épais, la tête plus grosse, ne lui cède en rien quant à la noblesse de la démarche et du port, est sans contredit le roi de la gent volatile, et tient, parmi les hôtes ailés de nos forêts, le même rang que le cerf parmi les quadrupèdes.

Admirez-le, ce superbe monarque, non pas captif sous le filet d'une faisanderie, le fouet de l'aile éjointé, la queue écourtée et sans grâce, ensanglantant sa tête meurtrie à travers les étroits barreaux d'un parquet ; mais libre au milieu du taillis, mais indépendant, mais fier, tel enfin que la nature nous le présente alors que s'élançant chaque matin du haut du chêne où il passa la nuit, il secoue, une fois à terre, ses plumes encore humides de rosée, et jette à intervalles égaux, à travers la clairière, ce cri rauque et sauvage par lequel il semble, au printemps, vouloir défier ses rivaux.

Que de grâce et de dignité à la fois dans sa pose et dans ses allures !

Quels trésors le dispensateur de toutes choses a versés à pleines mains sur ce favori pour embellir et varier sa parure : comme il a su prêter à sa royauté le plus riche et le plus élégant manteau !

Voyez, de la tête aux pieds viennent s'y jouer à l'envi les couleurs les plus éclatantes et les plus vives.

D'abord sur un fond bleu foncé, tout étincelant de capricieux reflets, scintille un beau vert d'émeraude, qui tour à tour brille ou s'éteint suivant l'incidence de la lumière et du jour : à l'entour des yeux se détache comme une double crête écarlate, dont l'éclat rivalise avec celui de la pourpre ; au-dessus des oreilles s'élèvent deux petites aigrettes d'un vert doré, que l'oiseau redresse fièrement, surtout dans la saison des amours, lorsque, dispensant ses faveurs, il se pavane en maître au milieu de son sérail de sultanes : l'iris de l'œil lui-même, d'un jaune brillant, semble une espèce de miroir ardent où se peignent en traits de feu les divers sentiments qui l'animent, la colère ou l'amour, le besoin de jouir ou le désir de combattre.

Voilà pour la tête de l'oiseau.

Si maintenant vous jetez les yeux plus bas, combien le reste de son plumage n'étale-t-il pas à vos regards surpris, de beautés éblouissantes et nouvelles?

A partir du cou, chaque plume élégamment échancrée en cœur, vous fait l'effet d'autant de lames d'or symétriquement superposées en écailles. Puis viennent, suivant les différents aspects sous lesquels vous voyez l'oiseau, mille nuances insaisissables et changeantes, qui renaissent et se multiplient sans cesse ; mille reflets brillants plus fugitifs encore que dans la robe du paon, et artistement ménagés comme chez celui-ci par l'opposition de reflets plus sombres : assemblage harmonieux qui étonne par sa magnificence, et que l'artiste le plus habile essaierait en vain de saisir et de rendre ; l'imitation la plus parfaite n'étant jamais qu'une pâle copie à côté de cette profusion de couleurs que le grand peintre de la nature a seul le talent de reproduire sans jamais surcharger son pinceau.

Le bas du dos est d'un rouge-bai luisant avec des mouchetures violettes.

La queue, formée de dix-huit pennes qui vont en diminuant et se terminent en minces filets, pourrait, au premier coup d'œil, sembler un ornement plus incommode qu'utile; mais sa longueur n'embarrasse point l'oiseau, qui s'en accompagne avec aisance et noblesse. Elle est disposée en éventail comme la queue de la pie, c'est-à-dire que les deux pennes du milieu sont les plus longues de toutes, et ensuite les plus voisines de celles-là. Sa couleur dominante est un rouge marron agréablement mélangé de mouchetures noires, brunes et blanches; et sur les seize tiges qui la composent, il n'y en a que quatre, les plus courtes, qui ne soient pas rayées transversalement de petites bandes noires, par le nombre desquelles certains auteurs ont prétendu, mais à tort, calculer l'âge du faisan qui, du reste, ne vit pas plus de cinq à six ans, comme la plupart des poules ordinaires.

Tel est, mais bien imparfaitement rendu sans doute, le portrait d'un oiseau désormais assez répandu en France pour que nous osions l'appeler le *faisan commun*, profanes appréciateurs que nous sommes des biens les plus précieux, dès que la rareté n'en fait plus le principal mérite.

De cette espèce sont dérivées plusieurs variétés se rapprochant plus ou moins de la souche commune. Les principales sont :

1° *Le faisan à collier*, oiseau tout-à-fait semblable au premier quant au plumage, à l'exception toutefois d'un collier blanc qui tranche richement de chaque côté du cou, et de la contexture des plumes du poitrail, dont la pointe dorée n'étant plus échancrée en cœur, semble pour ainsi dire perdre de son brillant en se mélangeant davantage;

2° *Le faisan blanc*, sorte de variété blanche, sans aucune autre nuance que la membrane d'un rouge écarlate qui entoure ses yeux : opposition peut-être un peu heurtée à côté de la blancheur éblouissante de l'oiseau;

3° *Le faisan panaché* ou *varié*, autre espèce qui, sur un fond blanc, reproduit, clairsemées çà et là, quelques-unes des nuances dorées du faisan commun.

4° Et enfin le *faisan à couleurs pâles*, race que l'on connaît aussi dans les faisanderies sous le nom de *faisan cendré*, et dans laquelle les deux individus, mâle et femelle, n'offrent à l'œil que des couleurs comme affaiblies et passées.

On obtient bien encore par le métissage, c'est-à dire par l'accouplement du coq-faisan doré de la Chine avec une poule-faisane commune, ou d'un coq-faisan commun avec une poule domestique, différents produits participants plus ou moins des deux espèces, et auxquels on donne habituellement le nom de *faisans-bâtards* ou *coquards*, C'est surtout dans les faisanderies de l'Allemagne qu'on s'occupe, par des expériences nombreuses, de ces divers croisements de race dont on a fait une branche d'industrie.

Mais à quoi bon forcer ainsi la nature? Pourquoi métamorphoser le faisan en un ignoble oiseau de basse-cour, apporter autant de soins enfin à faire dégénérer une espèce, qu'on devrait en mettre à la perpétuer dans toute la pureté primitive du sang? Il semble que la nature elle-même, en mère sage, répugne à ces alliances monstrueuses; car les produits de ces métissages, que l'on n'obtient jamais qu'à grands frais, sont pour la plupart frapp s de stérilité. Ce sont des mulets plus petits que le faisan ordinaire, et dont les couleurs obscures et communes n'ont rien de ce plumage brillant qui flatte et charme nos yeux.

La femelle du faisan se nomme *poule-faisane*. Elle est presque d'un tiers moins forte que le mâle, et ne pèse qu'un kilog. environ, tandis que celui-ci pèse jusqu'à un kilog. et demi lorsqu'il est dans toute sa grosseur. Chez tout autre oiseau, son plumage pourrait encore fixer les regards et paraître assez remarquable; mais il semble ici qu'il perde par la comparaison; l'on est tellement comme ébloui par la magnificence du mâle, qu'on oublie en quelque sorte de considérer la femelle.

Celle-ci a la tête et le cou d'un brun foncé mêlé de gris rougeâtre; le dessus du corps d'un brun noirâtre, chaque plume variée de gris tirant sur le rouge et le blanc; la poitrine et le ventre lavés de gris cendré; les ailes d'un brun foncé avec des raies et des taches roussâtres; la queue beaucoup plus courte que celle du coq, d'un gris rougeâtre, avec des bandes transversales noirâtres sur le milieu, et de petites raies brunes sur les côtés. En somme, son plumage, sans avoir de l'éclat, est agréable et participe un peu, mais avec des nuances plus accusées, de celui de la perdrix grise et de la caille.

Le faisan fut long-temps, en France, un gibier exclusivement réservé aux plaisirs de nos rois : l'ancien Règlement général des chasses pour les capitaineries royales et pour celles de l'apanage de la maison d'Orléans, défendait, à peine de cent livres d'amende, par l'article Ier du premier titre, d'en enlever les œufs; et l'article XXI du même titre condamnait à une amende d'un quart en sus, c'est-à-dire à cent cinquante livres de dommages, tout gentilhomme possédant des terres enclavées dans ces mêmes capitaineries, qui se serait permis de tuer un de ces oiseaux.

Mais au jour de l'émancipation, le faisan a fait comme tant d'autres, il a pris, aussi lui, sa volée : des parcs royaux il a passé aux forêts des communes, des forêts des communes aux bois des simples particuliers, et c'est ainsi que, de proche en proche et de canton en canton, ce grand seigneur s'est assez popularisé parmi nous, pour n'être plus, surtout aux environs de Paris, qu'un gibier assez ordinaire.

C'était la Touraine qui passait, avant 93, pour être la province de France où il y avait le plus de faisans sauvages. On en trouvait dans la plupart des forêts de ce pays, entr'autres dans celles de Loches et d'Amboise. Il y en avait principalement une grande quantité dans la haute et basse forêt de Chinon, ainsi que dans les taillis des communes voisines, d'où ils se répandaient, à travers les landes de la plaine, jusques dans les îles que forment la Loire et la Vienne.

On en voyait aussi dans le Berry, dans les montagnes du Forez et du Dauphiné, les forêts du Nivernais et dans plusieurs îles du Rhin.

Aujourd'hui ils ne sont plus aussi abondants dans ces mêmes contrées, bien que l'on y en rencontre encore quelques-uns; et les endroits qui en fournissent le plus aux tables de nos gourmets et aux émotions toujours renaissantes de nos chasseurs, ce sont, sans contredit, les bois situés dans un rayon de quinze à vingt lieues aux alentours de la capitale, où ils se sont propagés en assez grand nombre depuis une vingtaine d'années.

Dans l'état de nature, le faisan est un oiseau excessivement méfiant et sauvage. Pris jeune, il se fait difficilement à la perte de sa liberté; et si on l'enferme dans une cage, il n'est pas rare, tant il est farouche, qu'il se brise la tête contre les barreaux de sa prison, préférant la mort à ce triste esclavage.

Les fourrés les plus impénétrables, les bois semés de buissons, d'épines et de ronces, sont les lieux qu'il affectionne le plus comme demeure. Il ne se plaît pas trop en pleine forêt, et il préfère les taillis environnés de terres cultivées ou de prairies, par la raison toute simple qu'allant au gagnage soir et matin, il trouve, dans ce voisinage, des moyens de subsister plus abondants et plus faciles.

Sa nourriture varie suivant les saisons.

L'été, au moment des récoltes, il se nourrit, quand il est à proximité pour le faire, de différentes espèces de graines, de froment, par exemple, d'orge, de sarrazin ou blé noir, de chenevis, de pois, de graines de navette ou de vesce. Il recherche aussi les œufs de fourmis, les mûres sauvages, les baies du sorbier, du troëne et du genièvre.

Quand vient l'automne, s'il se trouve dans un pays vignoble, il attaque le raisin, dont il est très friand, comme la plupart des gallinacés. A défaut de vignes, il sort sur les terres nouvellement ensemencées, glanant avec avidité le grain que n'a point recouvert la charrue : et il est alors d'autant plus facile de le surprendre, qu'en se cachant à l'affût, soit au soleil levant, soit de quatre à cinq heures du soir, on est sûr de le voir sortir sur la lisière du bois, et presque toujours à la même place.

L'hiver est pour lui, comme pour tous les autres animaux, un temps de morte saison qui lui offre moins de ressources. A cette époque de privations et de disette, ce sont les glands, les châtaignes et les faînes qui font presque tous les frais de ses repas, avec quelques anciennes baies, tombées de certains arbres forestiers et qu'il déterre, cachées sous la mousse ou la neige.

De ces différentes connaissances qui sont le fruit de l'observation, et de bien d'autres encore au fait desquelles tout chasseur se met bientôt, pour peu qu'il pratique lui-même, dépend toute la science de la chasse aux faisans; chasse pleine de difficultés et d'obstacles, souvent même infructueuse, malgré l'abondance du gibier, si le tireur, perdu au milieu des forts les plus épais, n'appelle le passé à son aide et ne prend son expérience pour boussole.

Sommes-nous au matin? à cette heure où la rosée brille aux champs, étalant sur chaque brin d'herbe ses perles étincelantes et limpides? battez les taillis qui environnent la plaine; engagez-vous de préférence dans les bordures situées non loin de quelque chaume, de quelques grains récemment semés, ou, si la moisson n'est point encore rentrée, de quelque pièce de blé ou d'avoine.

Suivez la même marche le soir, alors que le blond Phébus, arrivé au bout de sa carrière, arrête un instant ses chevaux sur l'horizon et semble leur faire reprendre haleine avant de les précipiter vers l'humide séjour.

C'est là que votre chien se rabattra tout-à-coup sur des voies encore chaudes et nouvelles. C'est là que, le cœur palpitant de crainte et de plaisir, indicible émotion qu'il est impossible de rendre, vous le verrez, glissant comme une couleuvre à travers ronces et buissons, risquant un pas..... s'arrêtant..... flairant, le nez au vent, chaque touffe d'herbe, chaque genêt, chaque coulée..... car c'est là que s'est donné rendez-vous toute la nation des faisans d'alentour : le moment du repas est venu, et vous êtes justement au beau milieu du réfectoire des convives.

De midi jusqu'à quatre heures, la manœuvre change : l'oiseau est rassasié, et à partir de cet instant jusqu'au coucher du soleil, ses habitudes ne sont plus les mêmes et varient. Il s'éloigne de la plaine où règne alors plus de mouvement et de bruit : il a eu peur du laboureur et de ses chevaux, du chien de berger, de la clochette argentine du troupeau.....

Fait-il chaud, le temps est-il lourd, à l'orage? cherchez-le dans l'intérieur des ventes de cinq à six ans, aux environs des places à fourneaux où, comme tous les oiseaux pulvérateurs, il se saupoudre de cendre et de poussière; aux bords des mares, parmi les joncs desquelles il se cache, pour tempérer par la fraîcheur du lieu l'atmosphère accablante du jour.

A-t-il beaucoup plu, au contraire, soit dans la matinée, soit dans la nuit? vous mettez-vous en quête par l'une de ces sombres journées où la nue, chassée par le vent du Sud, glisse rapide et comme en effleurant de ses longues ailes grisâtres la cime élancée des grands chênes; ne perdez point votre temps à battre les taillis : ce serait prendre à la fois une peine et un bain inutiles. Le faisan n'est point là, sous ces couverts humides où l'eau ruisselle, sous ces hautes herbes détrempées par cette seconde pluie qui tombe goutte à goutte de chaque feuille du bois, même long-temps après que la première a cessé au ciel. Allez dans les futaies, sous les gaulis : voilà où vous le trouverez au ressui, côte à côte avec le chevreuil, aussi jaloux de sécher son beau plumage, que celui-ci de ne point ternir le lustre de sa robe : et votre chasse y sera d'autant plus lucrative que, ces jours-là, l'oiseau, souvent mouillé, a pour ainsi dire peur de tenter un long vol, et ne s'élève de terre que pour se poser à peu de distance et pour ainsi dire sous les yeux du tireur.

Vers le soir, semblable en cela aux hôtes de nos basse-cours, qui gagnent

tous quelque remise ou appentis et s'y juchent, le faisan éprouve le besoin de se percher. Il est bien probable que cette précaution prudente de la plupart des gallinacés, est chez eux un fruit de l'expérience et ne leur est inspirée que par un instinct de conservation personnelle.

Passant la nuit à terre, combien n'auraient-ils pas d'ennemis à redouter, à quels périls incessants ne seraient-ils point exposés? C'est durant ces heures de ténèbres, si favorables aux êtres malfaisants, que, pour eux comme pour nous, rôdent éveillés la rapine et le crime; c'est alors que le renard, la fouine, le putois, le chat sauvage, et généralement tous ces animaux déprédateurs, compris sous la dénomination de bêtes puantes, sortent affamés de leurs repaires pour se livrer à leurs sanguinaires excursions. Ce n'est donc qu'en se plaçant à une certaine élévation, en s'isolant, en quelque sorte, que l'oiseau peut, sinon se prémunir entièrement contre la voracité de chaque individu, puisque, dans le nombre, quelques-uns grimpent sur les arbres, diminuer du moins les chances de l'attaque en augmentant les difficultés de la recherche.

C'est ordinairement fort peu de temps après le coucher du soleil que le faisan se branche. Il choisit pour cela un baliveau ou quelque gros chêne feuillu : mais voyez ici quelle contradition flagrante! A peine s'y est-il posé, l'imprudent! que, peu conséquent avec lui-même, puisqu'il ne perche que pour mieux échapper à ses ennemis, il se met à chanter aussitôt, et trahit ainsi sa présence au plus redoutable de tous, au braconnier caché dans le taillis voisin, qu'il guide par ce chant de mort jusqu'au pied de l'arbre, sa retraite.

Ce chant, qu'on distingue de fort loin, est une espèce de cri rauque, consistant à peu près dans la répétition de ces mots : *ka-kack*. L'oiseau le répète à de certains intervalles, et principalement dans la saison des amours. Il ne manque pas non plus de le faire entendre le matin, dès que la barre du jour commence à poindre; et presque toujours, dans le courant de mars et d'avril, pour peu que la température soit douce, il l'accompagne d'un bruissement de plumes qu'on prendrait au premier moment pour son vol.

Il ne faut point le confondre avec le cri d'effroi que jette le faisan au moment du départ, lorsqu'il s'enlève de terre, surpris à l'improviste, ou poussé trop vivement par le chien du chasseur. Ce second chant diffère totalement du premier : c'est une espèce de phrase musicale plus longue, sans être beaucoup plus harmonieuse. Les cinq ou six premières notes sont précipité s et brèves; mais les trois ou quatre dernières se prolongent en traînant davantage à mesure que l'oiseau s'éloigne. On pourrait traduire cette sorte de gamme par la figure suivante :

Ko ko ko... ko ko ko... ko..... ko....... ko.

ainsi scandée, avec plus ou moins de vitesse ou de lenteur.

Au surplus, une remarque que chacun doit avoir faite, et que, pour notre compte, nous avons vérifiée souvent, c'est que, dans l'un et l'autre cas, plus la voix du chanteur est enrouée, plus le timbre en est grave et plein, et plus le coq-faisan compte d'années. Les jeunes coqs, qui ont la voix plus claire, n'appuient pas autant sur la note; quelquefois même ils partent sans rien dire; en sorte que, sans leur plumage plus brillant et la différence notable de leur queue, bien plus longue, on pourrait les confondre, au premier moment, avec la poule-faisane qui, comme on sait, reste toujours muette, excepté dans les mois de juillet et d'août, époque où, mère d'une nombreuse famille, elle fait parfois entendre, en cas d'alarme, une espèce de petit cri aigu pour avertir ses faisandeaux et les rassembler autour d'elle.

De tous les oiseaux compris dans la classe nombreuse du gibier à plumes, le faisan est peut-être, après la bécasse et le râle, celui dont le tiré est le plus facile. La pesanteur de son corps, la courte envergure de ses ailes, sont pour lui des obstacles à vaincre au moment où il veut prendre son vol, et qui favorisent le chasseur autant pour le moins qu'ils lui sont nuisibles à lui même. Cependant, à côté de ces désavantages réels, se rencontrent quelques circonstances fortuites qui le protégent, et qui, malgré toute la surface que son volume offre au plomb meurtrier, font souvent qu'il en est quitte pour la peur.

Ces circonstances naissent d'abord de la disposition même du terrain sur lequel la plupart du temps on lui fait la chasse. Le faisan, à l'instar des deux oiseaux que nous venons de citer tout à l'heure, et en général comme tous ceux qui se méfient un peu de leurs ailes, marche long temps devant le chien, surtout si l'animal est sage, avant que de se décider à partir. Il va, il vient, multipliant ses ruses et ses détours, se rasant un instant, puis cherchant à dérouter son ennemi par une fuite précipitée et rapide. Enfin, ce n'est qu'après une foule de marches et de contre-marches, et lorsque d'un taillis trop clair pour s'y dérober facilement, il est arrivé au milieu des halliers les plus épais, qu'il se hasarde à quitter le sol et à confier aux airs une vie désormais moins exposée derrière ces impénétrables retraites.

Une autre chance de salut pour lui, souvent plus infaillible encore que la première, attendu qu'elle n'est le résultat ni de l'instinct ni d'un calcul, c'est le bruit qu'il fait en prenant son vol. Quelqu'exercé que soit un tireur, il est impossible qu'il ne soit pas un peu étonné par ce départ bruyant et brusque, surtout si l'oiseau se lève près de lui avant qu'il en soit bien prévenu par l'arrêt du chien : et comme l'appât d'une si belle proie est déjà plus que suffisant pour ne pas l'émouvoir malgré lui ; si, à ce sentiment d'émotion, se joint encore celui de la surprise, on conçoit que la main lui tremble et que, dans sa précipitation à lâcher son coup, manquant de sang-froid, il manque son but.

Enfin, ce que l'on aura peine à croire au premier moment, ce que l'on pourrait même prendre pour une assertion ridicule, si l'expérience n'était là pour démontrer combien elle est fondée, c'est que la grosseur même de l'oiseau lui est peut-être plus avantageuse que nuisible.

A quoi bon perdre son temps à aligner son point de mire avec cette masse opaque où il n'est pas possible que quelques grains de plomb n'arrivent? Il suffit de jeter son coup sans viser... ainsi se dit-on; et l'on tire au petit bonheur, au hasard, oubliant que, pour abattre l'oiseau, il ne suffit pas de lui enlever quelques plumes, mais qu'il faut frapper en plein corps, comme le prouve fort bien certain dicton du *Vieux Chasseur*, lorsqu'il s'écrie plaisamment à ce sujet et en manière de proverbe :

Si tu tires la queue,
Il a fait une lieue.

Telle est la part des difficultés que présente la chasse du faisan, difficultés sérieuses, bien qu'au premier coup d'œil elles paraissent futiles, et que l'habitude et la pratique apprendront à vaincre mieux encore que ne pourraient le faire nos leçons; car, après tout, il ne faut pas se le dissimuler, dans notre science, comme dans bien d'autres, quelqu'habile que soit la théorie, elle ne vaudra jamais une seule journée passée sur le terrain : le meilleur officier instructeur a beau développer les préceptes de la guerre à des recrues, entre ses mains le conscrit le plus intelligent ne sera jamais qu'un conscrit : ce n'est qu'au feu et en présence de l'ennemi qu'il deviendra un véritable soldat.

La seule et dernière recommandation que nous nous permettrons de faire à nos lecteurs, c'est d'être assez maîtres de leur sang-froid, s'ils le peuvent, pour ne tirer le faisan qu'au moment où, après s'être élevé à quelques pieds de terre, il va pour prendre son vol horizontal. C'est là l'instant le plus favorable et qu'il faut savoir saisir à propos, de même que pour la grosse perdrix rouge ou bartavelle.

Si on manque l'oiseau, on remarquera avec soin sa remise, quand toutefois les localités le permettront. Dans le cas contraire, on s'orientera pour le retrouver, d'après la connaissance qu'on a du canton au milieu duquel on se trouve.

Le faisan non blessé file droit et s'abat ordinairement à deux ou trois portées de fusil de l'endroit qu'il quitte : les anciennes places à charbon, où souvent l'on a eu la précaution fort sage, afin de mieux le fixer dans le pays, soit de semer quelques grains dont on sacrifie la récolte, soit de déposer des marcs de raisin aussitôt après la vendange faite; les oseraies un peu marécageuses, les contrées de bois humides dont l'essence se compose en majeure partie de coudriers et d'aulnes, sont les lieux qu'il choisit de préférence pour se remettre.

S'il est touché ou démonté, on a quelquefois plus de peine à le rejoindre que lorsqu'il n'a été qu'effrayé par une détonation inutile. En effet, dans ce cas, à peine est il tombé à terre, même parfois comme une masse inerte, qu'il se relève aussitôt et se met à courir à pied avec une telle rapidité, que le chien le plus vite a peine à le suivre ; puis, arrivé à une certaine distance, il se jette de côté dans quelque buisson, s'y rase, et laisse, sans bouger, passer près de lui son ennemi qu'il a fourvoyé ; tactique qui annonce un certain degré de raisonnement, et qui, sans faire du faisan un prodige merveilleux d'intelligence, suffirait déjà néanmoins, à défaut d'autres titres, pour nous empêcher de partager à son égard l'opinion un peu hasardée d'un maître, lequel, sur les on dit d'autrui, le qualifie d'oiseau inepte et stupide.

Car, n'en doutons point, malgré l'autorité de celui qui l'a faite, c'est encore là une de ces réputations injustes qui se perpétuent d'âge en âge, de livre en livre, et qui ne reposent sur aucun fondement solide.

Nous ne contesterons point à Buffon que le faisan ait la sottise de se croire en sûreté lorsque sa tête est cachée, qu'il donne facilement dans la plupart des piéges qu'on lui tend ; que lorsqu'on le chasse au chien couchant, et qu'il a été rencontré, il regarde fixement le chien tant que celui-ci reste à l'arrêt, mais ce sont là des habitudes qu'il partage avec le plus grand nombre des gallinacés, une espèce de fascination qu'il subit malgré lui, dont il n'est pas plus exempt que le lièvre, le lapin, la perdrix : et ce ne sont point des motifs suffisants pour le classer, comme instinct, au dernier degré de l'échelle animale.

Il est vrai d'ajouter, pour la justification du grand historiographe de la nature, que lorsqu'il a porté ce jugement sur le faisan, celui-ci était un oiseau sans doute aussi commun qu'aujourd'hui, mais moins abandonné à ses propres ressources.

Elevés pour la plupart à grands frais, et lâchés ensuite dans des parcs, on en voyait alors peu de libres, vivant réellement à l'état sauvage.

Or, rien n'abrutit comme la domesticité, cette pire de toutes les servitudes.

Point de nécessités ni de besoins, point d'instinct : et autant peut-être l'opinion de Buffon se rapprochait-elle de la vérité à cette époque, en s'appliquant à une espèce abâtardie, propagée sous les yeux de l'homme, voisine, quant aux habitudes et aux mœurs, des volatiles grossiers de nos basse-cours, autant est-elle erronée de nos jours où le faisan, né libre, jouit désormais, en pleine forêt, de tous les bienfaits d'une liberté sans bornes, où, seul à subvenir à des appétits de toute sorte, il a nécessairement besoin de plus de connaissances et de ruses, et développe, par un état de lutte continuelle contre une multitude d'ennemis, des ressources d'instinct, jadis comprimées par l'esclavage.

L. D.

FINIS CORONAT OPUS

DU FAISAN

Considéré dans l'état de domesticité.

Chacun sait que c'est à l'aide d'une incubation étrangère que l'on parvient à multiplier les faisans, soit pour peupler une forêt, soit pour se créer dans la vente des élèves une branche d'industrie exploitée avec succès, lorsqu'on y consacre le temps et les soins nécessaires. Si les dépenses que demande une faisanderie formée sur un vaste plan sont très considérables, d'abord par l'étendue de l'emplacement qu'elle exige, ensuite par le nombreux personnel qu'il est indispensable d'attacher à son service ; en revanche, il n'est pas très coûteux de fonder un établissement de ce genre sur un petit modèle : et les frais d'installation une fois faits, il n'est pas rare, dès la première année, de les voir couverts par quelques bénéfices. De là, le certain nombre de faisanderies particulières qui se sont élevées en France depuis vingt-cinq ans environ, et qui, sans prétendre rivaliser avec les faisanderies royales, montées sur un pied si dispendieux, surtout avant 1830, ont obtenu, toutefois, d'assez brillants résultats, pour devenir, entre des mains habiles, une spéculation des plus lucratives (1).

Si l'on n'a pas à sa disposition un endroit spécial, qui, par sa position et ses dépendances, soit propre à recevoir une faisanderie, l'emplacement destiné à en créer une est le premier point dont il faut s'occuper, et il est plus essentiel qu'on ne pense de le choisir convenable. Le faisan aime un climat doux et tempéré; il se plaît dans les bois de peu d'étendue, composés d'arbres à feuilles, entourés de champs en culture, coupés par des prairies et des sources d'eau vive, et surmontés par quelques arbres de haute futaie, tels que

(1) Nous avons connu, dans l'intérieur même de Paris, plusieurs établissements de cette nature, où l'on ne comptait pas moins de quatre à cinq cents sujets, au commencement de chaque automne, tant en faisans argentés, faisans de la Chine, qu'en faisans communs. Il existait, entre autres dans le temps, petite rue de Reuilly, au faubourg Saint-Antoine, une faisanderie appartenant à un fabricant de papiers peints, qui, par la vente des faisans et des œufs aux amateurs et marchands de comestibles, produisait un revenu assez considérable.

le hêtre et le chêne. Il ne se tient pas beaucoup dans les taillis clairs. Il préfère ceux pourvus d'arbustes, d'arbrisseaux, de ronces, parce que là naissent et mûrissent, de tous côtés, une foule de fruits succulents et charnus, que l'on désigne sous le nom de baies, et qui lui offrent une nourriture à la fois abondante et saine.

Il faut donc, autant que cela se peut, choisir pour sa faisanderie une portion de parc ou de bois qui soit située en plaine ou en pente douce, et qui réunisse en partie les conditions ci-dessus. De toutes les expositions, celle au Levant et au Midi est incontestablement la meilleure : quant aux arbres et aux arbustes, que l'on doit chercher à rassembler en plus grand nombre dans ce terrain sagement aménagé, ce sont le genévrier, le cornouiller, l'épine blanche, l'épine noire ou prunellier, le fusain, le merisier à grappes, le nerprun, le petit groseiller des haies, le groseiller à fruits rouges, le framboisier, l'arbouzier, la ronce, l'églantier, le sureau à fruits noirs et à fruits rouges, la viorne et autres arbrisseaux semblables, comme aussi le merisier des bois, le sorbier des oiseaux et l'alizier.

Lorsque le choix de l'emplacement est fait, on en détermine l'étendue ; et, à cet égard, c'est le nombre d'élèves que l'on veut obtenir chaque année qui vous guide. Dans les faisanderies de Vincennes et de Versailles, on comptait un arpent (51 ares) par cent vingt faisans. Un auteur allemand fort en renom (1), dit qu'il faut près de deux arpents (1 hect. 2 ares) pour ce nombre. Il est certain qu'une faisanderie présente d'autant plus d'avantages qu'elle est plus large et plus spacieuse : resserrés dans de trop étroites limites, les faisans se tracassent beaucoup entre eux ; la ponte devient plus difficile et plus longue, et grâce à ces dissensions intestines qui finissent souvent par des combats acharnés entre deux coqs rivaux, la moitié des œufs n'est pas fécondée. Mais néanmoins, la proportion adoptée par les faisanderies royales nous paraît suffisante, et celle de l'auteur allemand exagérée.

« Il n'y a pas de gibier, a-t-on écrit, qui ait autant d'ennemis et qui soit exposé à des périls si divers que le faisan : il n'y en a pas non plus qui ait reçu de la nature si peu de moyens d'échapper à la multitude de ses ennemis et aux dangers dont il est incessamment menacé. »

Les animaux qui recherchent ses œufs sont : le renard, la martre, le putois, la belette, le hérisson, le corbeau, la corneille, la pie, le geai et la pie-grièche. Les jeunes faisandeaux sont poursuivis par les mêmes animaux de proie, à l'exception du hérisson. Les faisandeaux devenus plus forts, et même les vieux faisans, sont attaqués par le renard, la martre, le putois, le chat, la belette, le chien, l'autour, le vautour, et généralement par toutes les bêtes puantes et les oiseaux de rapine.

Parmi les animaux voraces désignés ci-dessus, le renard est le plus redou-

(1) M. Hartig.

table; souvent il franchit une distance de deux et même quatre lieues pour se procurer un mets dont il est très friand. C'est ordinairement pendant la nuit qu'il se met en quête : il choisit, s'il se peut, les nuits d'orage, pendant lesquelles beaucoup de faisans descendent des arbres et couchent à terre. S'il parvient à pénétrer dans l'enceinte de la faisanderie, il égorge alors tout ce qu'il peut saisir, puis il emporte sa proie et la cache dans quelques champs voisins. Quelquefois, comme il se trouve pressé, il ne l'enterre qu'à moitié, et le garde faisandier peut en sauver une partie; mais si, non loin de là, il existe un petit bois, ordinairement tout ou presque tout a bientôt disparu. Souvent aussi il surprend les poules-faisanes sur leurs nids, et s'il arrive qu'il les manque, ce qui est rare, celles-ci s'enfuient épouvantées et les abandonnent à jamais.

Toutes ces observations, fondées sur l'expérience, sont on ne peut plus justes. Il est donc de la dernière importance de garantir la faisanderie des incursions de tant de dangereux ennemis, et le meilleur obstacle à leur opposer est une clôture qu'ils ne puissent franchir.

On opte ordinairement, suivant les avantages que présentent les localités, entre un bon mur en pierres de deux mètres d'élévation au moins, ravalé en dehors, ou une palissade en planches. Dans ce dernier cas, les poteaux qui lui servent de points d'appui, doivent être plantés dans l'intérieur même du parc, et les planches extérieures non-seulement bien jointes, mais assez unies par le rabot pour n'offrir aucune espèce de prise aux animaux qui tenteraient de grimper du dehors. La clôture terminée, qu'elle soit en maçonnerie ou en bois, on la couronne par un auvent incliné et saillant à l'extérieur de quarante centimètres. Ce revêtement est une barrière suffisante que ne saurait surmonter l'animal le plus agile. Une précaution qu'il ne faut pas négliger non plus, lorsqu'il y a facilité pour l'écoulement des eaux, de ménager, de distance en distance, dans son mur de clôture, de petites ouvertures ou barbacanes, c'est d'établir à l'entrée de chacun de ces trous, par lesquels ne manquerait pas de s'introduire l'ennemi, soit un assommoir, soit un trébuchet à bascule. Seulement, dans le premier cas, il faut avoir soin de tendre le piége très bas, car autrement un bon nombre de faisans se feraient écraser en s'engageant imprudemment dans la coulée.

Après avoir ainsi préservé sa faisanderie de l'invasion des quadrupèdes nuisibles, il faut aussi veiller à la destruction des oiseaux de proie, ennemis d'autant plus redoutables qu'ils ont pour eux le secours de leurs ailes. La meilleure manière de s'en défaire, est de planter çà et là, dans l'intérieur du parc, un certain nombre de poteaux de six mètres de hauteur, armés, à leur extrémité, de traquenards à bascule. L'oiseau, en voulant se poser sur la marchette du piége, la fait tourner et se prend par les pattes. S'il existe quelques vieux arbres isolés, dont les branches supérieures soient mortes et dépouillées de leur écorce, on construit, à peu de distance dans le taillis, de petites cabanes en terre, recouvertes de genêts ou de broussailles épaisses, dans lesquelles on puisse se cacher de manière à n'être pas aperçu. Les éperviers, les buses et autres oiseaux, tels que les corbeaux, les geais, les pies, etc., se posent assez volontiers sur ces arbres, et en se mettant à l'affût dans les cabanes placées aux environs, on trouve souvent occasion de les tirer.

La clôture principale terminée et toutes ces précautions indispensables une fois prises, on s'occupe de la distribution intérieure du parc, distribution qu'il est essentiel de faire, autant que possible, d'après les règles suivantes :

D'abord on partage son terrain en plusieurs carrés de même dimension, séparés les uns des autres par des routes de cinq à six mètres de largeur. Ensuite on trace, dans ces carrés mêmes, plusieurs petits sentiers sinueux d'un mètre cinquante centimètres de large, qui serpentent d'un bout à l'autre et rappellent à peu près les allées d'un jardin anglais.

Dans quelques-uns de ces carrés, on sème des prairies artificielles ou gazons que l'on entretient avec soin. Dans d'autres, on cultive les grains que les faisans préfèrent, de l'avoine, de l'orge ou du sarrasin, par exemple ; quant à ceux qui ne sont ni en prairies, ni en grains, et qui doivent comprendre à peu près la moitié du parc, on les plante en remises pour offrir du couvert aux élèves. Semblables aux anciens tirés des parcs royaux, ces remises, à l'exception d'un bouquet placé au centre et composé de quelques arbres de haute futaie où les faisans puissent se brancher, ne doivent s'élever qu'à hauteur de ceinture.

Il est de toute nécessité qu'il y ait de l'eau dans la faisanderie. Un étang, une mare ou tout autre amas d'eau stagnante ne suffit pas ; une source d'eau vive formant ruisseau et procurant une irrigation générale, est de beaucoup préférable. Seulement, dans ce dernier cas, on a soin de donner au courant une direction telle, qu'il ne puisse exister d'humidité sur les routes, et que les faisandeaux qui voudraient aller boire, s'approchent des bords par une pente douce.

Les constructions nécessaires se bornent à quatre : le *logement du faisandier*, les *parquets*, la *couverie* et le *bâtiment des élèves.*

Le *logement du faisandier* fait partie des bâtiments de la faisanderie. C'est tout simplement une maison de garde, n'ayant pas plus d'un étage, mais pourvue des commodités nécessaires, et construite de manière que des fenêtres on puisse facilement surveiller tout l'établissement. Il faut, autant que possible, placer ce logement à l'entrée du parc.

Les *parquets* sont de petits enclos séparés, destinés à renfermer les faisans de race. Leur nombre doit être proportionné à l'importance de la faisanderie. On les adosse au mur de clôture, du côté qui se trouve le mieux abrité contre le vent du Nord. On les place les uns à la suite des autres, en ayant soin de donner à chacun d'eux cinq mètres de long, trois mètres de large et environ deux mètres de hauteur. On les entoure d'un grillage en fil de fer ou

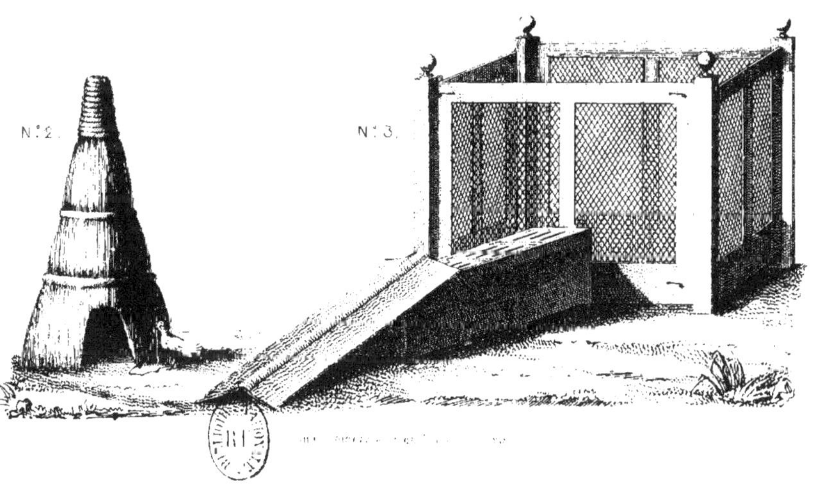

N°1. Parquet où sont enfermés les faisans.

N°2. Hutte en paille au pied de la quelle doit être attachée la poule.

N°3. Boite a faisandeaux réunie à un parquet volant.

d'un treillage en bois; et, dans ce dernier cas, ils peuvent être réduits à quatre mètres en carré sur une hauteur d'un mètre cinquante centimètres. Un filet de corde sert de toiture ; ou, ce qui vaut mieux encore, un grillage en fil de fer reposant au milieu du parquet, sur un poteau plus haut d'un mètre que le reste de la cloison, et formant des quatre côtés une espèce de toit en pente. Ce poteau, traversé par quatre ou cinq bâtons en croix de quatre-vingts centimètres de long, sert de juchoir aux faisans qui, le soir, éprouvent le besoin de se brancher comme la plupart des gallinacés.

Il est indispensable que la cloison mitoyenne entre deux parquets ne soit pas à claire-voie : autrement, comme les coqs sont extrêmement jaloux, s'ils se voyaient, ce voisinage les inquiéterait au point de leur faire négliger leurs femelles, et il en résulterait de graves inconvénients pour la ponte. Cette cloison doit être établie de la même manière que les autres faces, mais pleine. A défaut de murs ou de planches, on peut employer des roseaux, des genêts ou de la paille de seigle. Au milieu, on ménage une trappe pour établir, au besoin, la communication d'un parquet à l'autre. Enfin, un dernier soin à prendre, c'est de déposer, dans un des coins de l'enclos, un paillasson de genêts ou de roseaux, afin que les poules puissent aller pondre dessus, et de couvrir le sol d'une couche de sable fin de l'épaisseur de deux à trois pouces. On laisse une porte d'entrée à chaque parquet. Lorsqu'ils sont ainsi établis, les faisans s'y plaisent, et rien n'est plus facile que de récolter les œufs de la ponte.

La *couverie* est l'endroit réservé aux poules domestiques dont on compte faire des couveuses. Cette pièce doit être éloignée du bruit et de tout ce qui pourrait troubler l'incubation. On en proportionne la dimension, de même que l'on a fait pour le nombre des parquets, à la grandeur de l'établissement : cependant elle doit toujours avoir une étendue telle que la température n'y soit pas trop élevée, ce qui incommoderait les couveuses et nuirait aux éclosions. La meilleure manière d'y modérer la chaleur, c'est d'enterrer un peu cette chambre en lui donnant la forme d'un cellier. On a soin de fermer les fenêtres avec une toile assez épaisse pour empêcher le grand jour de pénétrer, et on recouvre le sol d'une couche de sable fin n'ayant qu'un léger principe d'humidité. Ce sable facilite l'éclosion en amollissant la pellicule des œufs par le contact de sa légère humidité avec la chaleur de la couveuse.

Le *bâtiment des élèves*, contigu à la couverie, est une pièce destinée à renfermer les jeunes faisandeaux à mesure qu'ils éclosent, et pendant les quatre ou cinq premiers jours qui suivent leur naissance.

Ces constructions faites, et la faisanderie ainsi disposée, on s'occupe de la peupler, et à cet égard il y a deux méthodes également bonnes à suivre : la première consiste à rassembler, dans les premiers jours de février, un certain nombre de poules-faisanes et de coqs, pour les placer dans les parquets ; la seconde, à se procurer, du 15 avril au 15 mai, des œufs de faisans qu'on donne à couver à des poules domestiques. Une fois le 1er juin arrivé, il ne faut pas acheter d'œufs, attendu que la ponte étant trop vieille à cette époque, et l'incubation trop avancée, on risque beaucoup de n'en voir éclore qu'une partie. Dans tous les cas, on ne doit s'adresser, pour ces sortes d'acquisitions, qu'à des personnes de confiance. Il n'y a pas de métier à l'aide duquel il soit plus facile de faire des dupes que la vente des œufs de faisans ou de perdrix, et l'on doit bien se donner de garde d'en prendre un seul à ces coureurs des rues, honnêtes braconniers de profession, qui, pour un œuf de l'année véritablement bon, vous en vendent dix clairs de l'autre année.

Le nombre de poules que l'on veut donner à un coq varie dans les différentes faisanderies. Quelques économistes assurent que deux femelles suffisent à chaque mâle, et c'est là même l'opinion de M. de Buffon, qui assure avoir, pour sa part, usé de cette méthode avec succès. D'autres, les Allemands entr'autres, plus amateurs de la polygamie, disent qu'on peut donner sans inconvénient jusqu'à dix poules à un seul coq. Mais toutes ces différentes combinaisons dépendent d'une foule de circonstances : de la température du climat, de la nature du sol, de la qualité et de la quantité de la nourriture, de l'étendue et de l'exposition de l'établissement, des soins enfin de l'homme qui le dirige. L'usage en France, dans les faisanderies du roi, était de borner le sérail d'un coq à cinq ou six poules, et ce nombre nous paraît très raisonnable, parce que s'il s'élève au-delà de six, il y a des risques à courir pour la fécondation, et que s'il est moindre de cinq, le mâle tourmente trop les femelles, ce qui devient également nuisible. On entretient chaque coq et ses poules dans les parquets que nous avons décrits ci-dessus, pour recueillir la ponte qui commence vers le 15 avril et dure de quatre à cinq semaines. Les faisans pris dans les forêts, étant ordinairement très farouches, demandent à être renfermés ensemble dès les premiers jours de février, et ceux pris dans les parcs ou réserves, vers la fin du même mois ; enfin, lorsque ce sont des élèves nés les années précédentes dans l'enceinte même de la faisanderie, on peut ne les mettre en parquets que dans la première quinzaine de mars. On comprend, du reste, que toutes ces différentes époques sont subordonnées à la nature plus ou moins sauvage de ces oiseaux : moins ils sont habitués à la vue de l'homme, et plus il leur faut de temps pour se faire à une captivité où tout est changé pour eux, même la nourriture.

Dans le choix des sujets destinés à peupler une faisanderie, on doit préférer les poules d'un et deux ans. Quant aux individus mâles, on peut se contenter d'un coq d'un an; mais cependant, comme il est moins vigoureux qu'un coq de deux ans, il faut lui donner moins de femelles. A cinq ans accomplis, coqs et poules sont hors d'âge et demandent à être remplacés.

On nourrit les faisans dans les parquets avec du blé, de l'orge et même de l'avoine. Si on veut les échauffer et hâter l'époque de leurs amours, on y ajoute, au commencement de mars, un peu de chenevis ou de blé noir. Voici, d'après l'auteur du *Traité général des chasses à courre et à tir* (1), homme d'expérience s'il en fut, et dont l'autorité, en pareil cas, ne saurait être mise en doute, la méthode suivie dans les faisanderies royales : pour un coq et six poules qui composent ordinairement un parquet, on donne, par jour, jusque vers la mi-mars, six décilitres de blé. A cette époque, on retranche deux décilitres de blé, et on ajoute six centilitres de chenevis et un œuf dur émietté avec du pain. On continue cette nourriture jusqu'à la fin de la ponte. Mais il est à remarquer que les faisans mangent moins alors, et qu'on peut diminuer la nourriture si on s'aperçoit qu'ils en laissent. Le matin, on donne le blé et le chenevis, toujours dans de petites mangeoires couvertes, appelées *trémies ;* et le soir on donne les œufs émiettés sur une planche propre.

Il faut bien prendre garde, dans tous les cas, quelle que soit la nourriture qu'on donne aux faisans, de la leur prodiguer outre mesure ; car autrement ils engraisseraient, et outre que les coqs trop gras sont moins chauds, les femelles trop grasses deviennent aussi moins fécondes et pondent des œufs à coquille si molle qu'il est impossible de les donner à couver.

Une fois la ponte commencée, on a soin, chaque matin, de recueillir les œufs qui se trouvent dans les parquets; leur couleur est d'un gris cendré tirant sur le bleu et quelquefois sur le jaune : un peu moins gros que ceux de la poule commune, ils sont d'autant plus faciles à casser, que la coquille en est plus mince que ceux même des pigeons. Quelques faisandiers prétendent que les œufs tirant sur le bleu produisent des coqs, et que ceux qui tirent sur le jaune produisent des poules. C'est là une de ces sciences conjecturales sur lesquelles il est impossible de rien affirmer de certain.

En Allemagne, on ne fait couver les œufs de faisan que par des poules d'Inde : nous ne sommes point partisans de cette méthode; les poules ordinaires, moins lourdes, moins embarrassantes, nous paraissent infiniment préférables ; il en faut un plus grand nombre, il est vrai; mais la nourriture de quinze dindes coûtant pour le moins autant que celle de trente à quarante poules, il en résulte qu'il n'y a point d'avantage à se servir des premières sous le rapport de l'économie.

Pour s'assurer qu'une poule est disposée à couver, on l'essaie deux ou trois jours d'avance sur des œufs ordinaires ; si elle y tient bien, c'est signe qu'on peut compter sur elle et l'admettre dans la couverie. Chaque panier en osier destiné à devenir un nid, doit avoir cinquante centimètres de profondeur, sur vingt-cinq centimètres de large; au fond est un lit de foin vieux (le foin nouveau échauffe et incommode la couveuse), sur lequel on dépose douze à quinze œufs au plus ; les poules placées dans leur panier, on les recouvre d'une

(1) M. Jourdain, ex-inspecteur des forêts et des chasses du roi.

toile, et on les range toutes en alignement dans la couverie pour rendre la visite plus facile.

Tout le temps de l'incubation, on lève les poules une fois par jour, afin de leur faire prendre leur nourriture. Cette opération a lieu de six à huit heures du matin, sans jamais se prolonger au-delà, si c'est possible, et se pratique de la manière suivante : on prend doucement les poules par les ailes, on les enlève avec précaution de dessus leur panier, et on les porte sous une mue d'osier où on les place deux à deux à la fois ; on leur donne, par couple, douze centilitres d'orge que l'on verse dans une petite mangeoire, et on a soin de placer auprès, mais en dehors de la mue, un petit vase rempli d'eau fraîche. On les laisse une demi-heure environ hors de leur panier ; ce temps écoulé, on les replace avec la même attention sur leurs œufs, qu'on a eu soin de recouvrir d'un petit coussinet en laine afin d'entretenir la chaleur pendant leur absence. L'emplacement de chaque mue doit être sablé, afin que les couveuses puissent, comme tous les oiseaux pulvérateurs, se débarrasser, en se roulant dans le sable, de la vermine dont elles sont incommodées ; et une fois les poules remises dans leurs paniers, il faut nettoyer leurs ordures avec soin, afin que la mue ne conserve point une mauvaise odeur.

C'est du vingt-quatrième au vingt-cinquième jour que l'éclosion a lieu, quelquefois un peu plus tôt, quelquefois un peu plus tard, et l'on conçoit qu'à cette époque on ne saurait trop, le jour comme la nuit, redoubler de vigilance et de soins. On cherche sous les poules les faisandeaux qui viennent d'éclore, et au fur et à mesure qu'on en trouve un, on le dépose dans une corbeille de paille tressée, dont le fond est garni à l'avance de duvet ou de plumes légères. On enlève, du panier de la couveuse, les débris de coquille que l'oiseau y a laissés ; on enveloppe d'un linge la corbeille où l'on a mis les petits faisans afin qu'ils n'en puissent sortir, et on l'expose en cet état, soit au grand soleil, soit auprès d'un feu modéré.

Il arrive parfois que certains œufs ayant la coque trop dure, quelques faisandeaux y étouffent, après avoir fait des efforts inutiles pour en sortir. Si, lorsque presque toute une couvée est éclose, on remarque deux ou trois œufs qui ne sont point becquetés, il faut aider la nature en prenant toutes les précautions qu'exige un travail aussi délicat. Quelques personnes se servent, en pareils cas, d'une petite râpe d'acier au moyen de laquelle elles liment peu à peu la coquille rebelle ; d'autres se contentent de la faire éclater au moyen d'un léger choc, et de la détacher ensuite avec l'ongle, en l'enlevant par petites parcelles : ces deux opérations réussissent également bien ; mais elles demandent l'une et l'autre une main exercée et prudente.

Au bout de vingt-quatre heures, pendant lesquelles on n'a donné aucune nourriture aux faisandeaux nouvellement éclos, on les transporte de la couverie dans le bâtiment des élèves. Là, se trouvent des caisses en bois, construites exprès pour les loger, et dont le nombre est proportionné à celui des compagnies sur lesquelles on compte. Chaque boîte a un mètre cinquante centimètres environ de longueur, quarante centimètres de hauteur sur cinquante de largeur, et est surmontée d'un couvercle mobile assemblé à angles droits. A cinquante-trois centimètres de l'une de ses extrémités, est pratiquée, au moyen de bâtons placés à huit centimètres de distance l'un de l'autre, une séparation à claire-voie, qui permet aux faisandeaux d'aller et de venir d'un bout à l'autre de la caisse, en même temps qu'elle empêche la poule de quitter l'espèce de petite cellule où elle se trouve ainsi renfermée, et dans laquelle on lui donne, par jour, six centilitres d'orge avec un peu d'eau fraîche placée au fond d'une assiette plate, dans la crainte que quelques élèves ne se noient. La case réservée à la mère doit être tenue proprement, et il faut qu'elle soit munie d'un couvercle à charnières en forme de trappe, à l'aide duquel on puisse introduire ou retirer facilement la couveuse. Quant à l'autre extrémité de la boîte, elle ferme avec une porte à coulisses, et tout le dessus de la caisse, depuis la loge de la poule jusqu'à cette même porte, est recouvert la nuit de son couvercle mobile, le jour d'une simple claie d'osier.

Ce n'est qu'après ces vingt-quatre heures écoulées, et dans les caisses que nous venons de décrire, que l'on donne aux jeunes faisans leur premier repas. Pendant le premier âge, c'est-à-dire du second jour au cinquième inclusivement, on leur distribue, par chaque faisandeau, un centilitre d'œufs de fourmis, ou à leur défaut cinquante millilitres de mie de pain de froment rassis, émiettés avec la même quantité d'œufs durs hachés ensemble.

Si la température est élevée, on expose au soleil chaque boîte avec la poule et les faisans qu'elle contient; si, au contraire, le temps est frais et humide, on ne les sort point de la chambre, où l'on a soin d'entretenir une douce chaleur.

Pendant le deuxième âge, c'est-à-dire du sixième au douzième jour inclusivement, les jeunes élèves peuvent être transportés sur les routes sablées de la faisanderie, et se promener le jour dans les parquets volants. On appelle parquets volants une nouvelle clôture qui consiste tout bonnement dans quatre claies d'osier ayant chacune deux mètres de largeur, un mètre trente centimètres de hauteur, et assemblées de manière à ce qu'un faisandeau ne puisse pas passer au travers des barreaux. Si le parquet est destiné à contenir deux compagnies, il faut qu'au milieu de deux des claies soit pratiquée une ouverture exactement de la même dimension que la porte à coulisses des deux boîtes, qu'on doit, en pareil cas, toujours placer l'une en face de l'autre; si le parquet ne reçoit qu'une compagnie, il n'y a qu'une seule claie, bien entendu, dans laquelle on ménage une entrée. A cette époque, la nourriture augmente en proportion des forces des élèves. On leur distribue, d'heure et demie en heure et demie, par oiseau, vingt-cinq millilitres de mie de pain, vingt-cinq millilitres d'œufs durs hachés, vingt-cinq millilitres d'œufs de fourmis, et un centilitre de vers blancs. Total un centilitre soixante-quinze millilitres.

Pendant le troisième âge, c'est-à-dire du douzième au quarantième jour inclusivement, dès que les faisandeaux commencent à voler par dessus les parquets volants, on retire la couveuse et les élèves des grandes boîtes ; on les place dans des boîtes plus courtes que l'on porte dans des routes parallèles, en ayant soin d'en mettre toujours deux en face l'une de l'autre ; on attache les poules sous des huttes en paille d'un mètre cinquante centimètres de long sur un mètre de large et autant de hauteur, et dont le toit est également en paille afin que les élèves qui sont en liberté puissent trouver un abri en cas de mauvais temps. Quant à la nourriture que ces derniers reçoivent alors, on la règle progressivement de la manière suivante :

Du douzième au vingt-cinquième jour, on donne, de deux heures en deux heures, par faisandeau, cinquante millilitres de millet, cinquante millilitres de mie de pain, cinquante millilitres d'œufs durs hachés, vingt-cinq millilitres de larves de fourmis, et deux centilitres vingt-cinq millilitres de vers blancs. Total, quatre centilitres. Du vingt-sixième au quarantième jour, deux centilitres cinquante millilitres de blé, deux centilitres cinquante millilitres de chenevis. Total, cinq centilitres. Après le quarantième jour, six centilitres d'orge.

Tels sont succinctement les soins et la nourriture à donner aux jeunes faisandeaux durant leur croissance, divisée, comme on voit, en trois âges. Quant aux poules, on les nourrit, la première quinzaine, de la même manière que pendant l'incubation; on augmente leur nourriture de sept centilitres durant la seconde quinzaine et de la même quantité dans la troisième.

Rien ne varie autant, au surplus, dans les différentes faisanderies, que ces premiers aliments, du choix judicieux desquels dépendent la santé et la conservation des élèves. A cet égard, chaque faisandier a sa méthode, dont il vante la supériorité et les avantages; c'est à l'observateur qui s'éclaire chaque jour lui-même par ses essais et sa propre expérience, à distinguer, au milieu de tous ces modes divers, celui qu'il doit suivre de préférence.

Dans plusieurs des faisanderies du roi, on donne aux faisandeaux qui ont atteint leur troisième âge, une certaine quantité de chair de cheval cuite et hachée, mais seulement lorsqu'elle est refroidie. On a remarqué que cette nourriture, qui est très nutritive en même temps qu'elle est économique, fait développer promptement les jeunes élèves qui en sont très friands. Mais, à tout bien considérer, l'emploi modéré des œufs de fourmis et du ver blanc est peut-être, suivant nous, celui qui offre le plus de chances de succès.

Les œufs de fourmis des prés sont ceux qui conviennent le mieux aux faisandeaux; ceux des grosses fourmis noires des bois sont moins bons; quant à ceux des fourmis rouges, il faut bien se garder de leur en donner; l'effet en est si pernicieux qu'ils deviennent à l'instant pour eux un poison actif et mortel.

Les instants de la jo arnée les plus favorables pour se livrer à la recherche des œufs de fourmis, sont le matin et l'heure de midi, parce qu'à ces heures ces insectes sont habituellement sur leurs œufs. L'homme qui fait ce travail se sert d'une brouette, ou, ce qui est moins fatigant et plus commode, d'un âne muni de paniers. Il fouille les fourmilières avec une espèce de pelle en fer arrondie en forme de cuiller à pot, et a soin d'enlever dans cette opération le moins de terre possible. Les œufs, ainsi que les parties étrangères dont il n'a pu les débarrasser, sont déposés par lui dans un sac que l'on passe légèrement au four en rentrant au logis, pour faire périr les fourmis vivantes.

Le ver blanc est, ainsi que chacun le sait, le ver produit par les œufs que dépose, sur la chair qui se corrompt, la grosse mouche bleue de la viande, *musca vomitoria* de Linnée. C'est le même que celui dont se servent les pêcheurs à la ligne pour amorcer leurs hameçons, et connu sous le nom vulgaire d'*asticot*. Pour obtenir cette espèce de ver, dont les faisans et les perdreaux sont très gourmands, il suffit de faire putréfier de la chair à l'air libre : on a fait divers essais, dans les faisanderies royales, pour savoir la meilleure manière, d'abord de les récolter, ensuite de les préparer convenablement avant de les distribuer aux élèves. Nous ne pouvons mieux éclairer nos lecteurs à ce sujet, qu'en leur transcrivant ici mot à mot les intéressantes observations publiées à cette occasion par le *Traité général des Chasses* :

« Les chevaux, les ânes, les chiens et tous autres animaux morts, dit l'auteur, peuvent servir à obtenir le ver blanc. On les dépose sur une terre battue exposée au Midi, en les réunissant trois ou quatre au plus, surtout lorsque ce sont des chevaux : on peut découper les cuisses et autres portions de l'animal, et les mettre dans le coffre en les tournant vis-à-vis l'une de l'autre. Ces animaux doivent être entourés d'une rigole de six pouces de profondeur sur six de largeur, qu'on nettoie bien et qu'on bat avec une bèche sur les côtés, pour empêcher la fuite des vers qui se perdraient sans cette précaution.

» La putréfaction est plus ou moins prompte suivant la température; mais il faut garantir les chairs de l'ardeur du soleil qui les dessécherait, et de la pluie qui empêcherait la ponte des mouches; pour cet effet, on les couvre avec des planches que l'on soutient par des fourches ou sur des tréteaux. Un temps chaud, calme, avec quelques coups de soleil par intervalles, est le plus favorable à la ponte et à l'éclosion des œufs.

» Les vers se montrent ordinairement après trois ou quatre jours; on ne doit remuer les chairs qu'autant qu'un froid subit les ferait rentrer ou les empêcherait de sortir. Quand ils quittent bien les chairs, ils vont tomber dans la rigole, on les balaie dans un coin et on les enlève aisément. Pour faire une récolte plus abondante, il faut se rendre à la rigole de grand matin. On a soin de couvrir les chairs tous les soirs, afin qu'elles ne soient point mouillées s'il venait à pleuvoir.

» Quand les vers sont ramassés, on fait bouillir de l'eau dans une chaudière; on les y jette en les agitant, pour les faire mourir séparément et empêcher qu'ils ne se tassent. On les retire quand ils sont bien blancs, on les lave dans plusieurs eaux, on les met égoutter dans des paniers, puis on les saupoudre de son en les remuant, et dans cet état ils conservent peu d'odeur et peuvent être donnés aux faisandeaux.

» Il ne faut pas les laisser vieillir, car ils se gâtent promptement et peuvent rendre les élèves malades. On peut les conserver pendant deux jours en les mettant au frais, mais le troisième jour ils ne valent plus rien.

» Un cheval de moyenne taille, sur lequel on n'éprouve pas de perte, peut produire de quatre à cinq boisseaux, ou de quarante-huit à soixante litres de vers. On peut les donner seuls aux faisandeaux en quantité égale à la moitié des autres aliments, et cette nourriture, qui procure une économie de moitié sur celle ordinaire, réussit parfaitement. »

Ce mode de nourriture, qui présente en effet de grands avantages, fut introduit pour la première fois dans les faisanderies de la couronne par les soins de M. le comte de Girardin, premier veneur. Mais bientôt on reconnut que le ver cuit présentait quelques inconvénients auxquels il fallut remédier. L'un des plus graves, c'est qu'il arriva plusieurs fois qu'une certaine quantité de vers blancs préparée comme on l'indique plus haut, s'étant corrompue subitement par l'effet d'une température élevée ou à la suite d'un orage, occasionna la mort immédiate de la majeure partie des faisandeaux. Pour prévenir de tels accidents, on dut donc faire de nouvelles recherches, comparer l'emploi du ver vivant avec celui du ver cuit, et voici comment le même auteur rend compte de ces diverses expériences :

« Différents essais, dit-il, ont été faits sur la préparation à donner aux vers blancs, et long-temps la cuisson avait paru la plus convenable. Elle dégageait en effet les vers de la matière putréfiée et nuisible qu'ils contiennent; mais, d'un autre côté, elle les réduisait à un état de siccité tel, qu'ils ne présentaient plus, pour ainsi dire, que les anneaux qui forment leur enveloppe et ne renfermaient que fort peu de matières nutritives. Cette observation a conduit à penser que, si on pouvait découvrir un moyen de purger le ver des matières corrompues, tout en lui conservant l'espèce de limon humide qui se trouve à l'extérieur et à l'intérieur des anneaux, il fournirait une nourriture plus profitable. Ce moyen paraît avoir été découvert en donnant la larve en vie, et le moyen de la purifier auparavant consiste à employer les préparations suivantes :

» Les vers récoltés sur la viande où ils ont été déposés et nourris, sont renfermés dans des baquets. Aussitôt après on y mêle de la cendre à raison d'un litre par boisseau; le tout est remué à la main et avec assez de soin, de manière à ne pas écraser les vers. »

L'effet de ce mélange avec de la cendre est de faire dégorger au ver toutes les matières dont il s'est nourri. Ce dégorgement se fait par l'action de l'alcali de potasse contenu dans la cendre, et qui est un des absorbants les plus actifs que l'on connaisse.

« Le ver ne doit pas rester dans cet état plus de dix minutes, l'effet de l'alcali étant tellement violent qu'il ne pourrait y résister plus long-temps et perdrait la vie, ce qu'il est important d'empêcher. Pour cela, il suffit de le mettre dans du son, et dans les proportions d'un boisseau de son pour un boisseau de larves. L'irritation produite par la cendre, ou pour mieux dire par l'alcali de potasse qu'elle renferme, est aussitôt calmée. Le ver se nourrit de la farine qui est restée attachée au son; il s'y purge entièrement, devient de couleur tout-à-fait blanche, et se remplit d'une matière limoneuse et nourrissante pour les faisans, auxquels il peut être jeté douze heures après cette préparation. Il se conserve environ huit jours dans cet état; seulement il faut avoir soin de le disséminer dans assez de baquets pour qu'il ne soit pas étouffé par le tassement. Il est bon aussi de couvrir ces baquets de clayettes ou de tamis, afin de l'empêcher d'en sortir, tout en lui laissant assez d'air pour vivre.

» Conservée plus de huit jours, la larve subit sa seconde métamorphose, qui est l'état de nymphe. C'est la peau extérieure de la larve qui se durcit, devient calleuse et forme comme une coque oblongue d'un brun rougeâtre, qui renferme toutes les parties de l'insecte. Cette coque contient un peu moins de matière nutritive que le ver primitif, mais elle peut être donnée sans aucun danger aux élèves; et s'il se trouve, à l'époque où se fait la distribution, quelques larves qui ont déjà subi cette seconde métamorphose, il n'y a aucun inconvénient à les laisser aux faisandeaux.

» Le premier reproche à faire au mode de cuisson des larves de mouches, continue le même auteur, est de les priver des parties nutritives qu'elles renferment dans l'état de vie; l'examen seul du ver cuit fait regretter de le voir réduit à une simple enveloppe dure et cutaneuse, et presque entièrement privée de principes nutritifs. Il en est bien autrement du ver vivant, dans lequel on découvre facilement une matière glaireuse, qui, dégagée de ce qu'elle peut avoir de putride, ce qui a lieu par la préparation indiquée ci-dessus, doit devenir profitable au gibier, en même temps que l'enveloppe elle-même de la larve qui conserve plus de mollesse.

» L'expérience a prouvé encore que, par un temps d'orage ou par une trop grande chaleur, le ver cuit pouvait se gâter. *Il tourne,* comme on le dit vulgairement, et, dans cet état, il devient fort dangereux, puisqu'on a vu des faisandeaux mourir immédiatement après en avoir mangé : ajoutez que cet état ne s'annonce par aucun signe extérieur, et que, jusqu'à présent, on n'a pu encore connaître d'une manière positive le moyen de distinguer le ver tourné d'avec le ver de bonne qualité.

» Le ver vivant assure contre cet inconvénient : n'étant pas soumis à l'influence du fluide électrique, on est certain qu'il ne pourra s'opérer sur lui ni putréfaction, ni décomposition, et que tant qu'il sera en vie il conservera les mêmes qualités pour la nourriture des élèves. »

Jusqu'à l'âge de deux et trois mois, les faisandeaux sont sujets à différentes maladies qui présentent pour eux d'assez grands dangers; et tout en leur prodiguant la plupart des soins que nous venons de décrire, ce n'est que lorsqu'ils ont passé cet âge qu'on peut les considérer comme sauvés.

A deux mois et demi ils ont une crise à subir, une crise fort périlleuse, et dont ils ne réchappent pas toujours, quelques remèdes qu'on lui oppose. Tout-à-coup on les voit perdre leur appétit et maigrir, et bientôt les premières plumes de leur queue tombent pour en laisser pousser d'autres : c'est ce que l'on appelle se *refaire de queue*, en terme de faisanderie. Cette crise, ordinairement passée en dix jours, est pour le moins aussi grave que celle subie par les perdreaux gris au moment où ils *poussent le rouge*. La meilleure manière d'en atténuer les funestes effets, c'est de donner aux faisandeaux des œufs de fourmis une fois le jour, et, le soir et le matin, des œufs durs hachés, mêlés avec un peu d'orge et des feuilles de laitue pilées.

Quant aux autres affections auxquelles ils sont exposés, elles n'ont point d'époque fixe pour se déclarer, et elles varient beaucoup dans leurs résultats et dans leurs symptômes. Il faudrait un volume entier pour les décrire toutes, les suivre, les analyser, en rechercher les effets et les causes; et beaucoup d'auteurs se sont longuement étendus sur ce chapitre, sans qu'on leur puisse reprocher d'en avoir trop dit.

Le bouton. Les glandes du croupion se gonflent et il s'y forme des pustules. Les faisans qui en sont attaqués sont quelquefois trop malades pour avoir la force de se percer eux-mêmes le bouton : dans ce cas ils périssent bientôt si l'on ne vient pas à leur secours; il faut couper adroitement l'extrémité du bouton qui est blanc; ensuite on fait sortir tout le pus en pressant légèrement avec le doigt, et frotter la plaie avec du beurre ou bien la couvrir avec du sucre en poudre.

La constipation. Cette maladie est dangereuse. On la reconnaît aux efforts que font les oiseaux sans cependant rendre des excréments. On les soulage en introduisant doucement dans le rectum, et à plusieurs reprises, une tête d'épingle enduite d'huile de lin.

La diarrhée. Cette maladie est occasionnée par le froid et la rosée; elle se convertit quelquefois en dysenterie, et l'âcreté des excréments cause souvent au rectum une inflammation fort grave. M. Walz, médecin-vétérinaire à Berlin, a trouvé que le meilleur remède en ce cas était de faire manger aux faisans beaucoup de baies de genièvre, et de leur donner pour boisson de l'eau dans laquelle on a mis du fer. On peut aussi leur donner de l'eau légèrement salée, dans laquelle on a plongé un fer rouge. On enlève les plumes gâtées par les excréments; on frotte la partie malade avec de l'huile de lin ou du beurre frais, et on introduit plusieurs fois dans le rectum, de même que dans l'affection précédente, une tête d'épingle enduite d'huile de lin. Les oiseaux chez lesquels le mal a fait beaucoup de progrès ne sont pas toujours guéris par ce traitement, mais les autres sont sauvés.

La goutte. Les jeunes faisans contractent cette maladie quand ils courent long-temps sur une herbe mouillée. M. le comte de Mellin recommande le remède suivant :

Merc. subl.	gr. X.
Sp vini. rect. . . .	un. III.
Aq. flor. samb. . . .	un. VIII.
Syr. violar.	un. I.

On met ces substances dans un kilogramme d'eau ; on les fait réduire à moitié par l'ébullition, et l'on conserve le liquide dans une bouteille pour s'en servir au besoin. Avec cette composition on frotte, le matin, les pieds des jeunes faisans, et on en met vingt-cinq gouttes par jour dans leur boisson, jusqu'à ce qu'ils soient guéris.

La paralysie des ailes. Cette maladie est également occasionnée par un froid humide. M. le comte Mellin conseille de frotter, tous les jours, la partie paralysée, avec un mélange d'égales parties d'huile de laurier, d'althéa et de peuplier. On emploie comme préservatif contre l'effet des brouillards et de la rosée, l'huile de vers de hanneton ou de vers de terre, dont on mêle cinquante gouttes dans l'eau à boire des jeunes faisans.

La pépie. Cette maladie, commune aux oiseaux de basse-cour, se reconnaît à une pellicule blanche et dure qui recouvre le bout de la langue, et à l'obstruction des narines ; il faut enlever cette peau avec la pointe d'un canif, ou bien avec une épingle, en ayant soin de respecter les parties saines de la langue ; l'opération faite, passer à diverses reprises dans les narines une petite plume imbibée d'huile d'olives, et faire prendre, sous formes de pilules, un peu d'ail cru, haché très menu et mêlé avec du beurre frais.

Les poux. La vermine tourmente souvent les faisandeaux ; ce que l'on remarque quand les plumes se hérissent et que la tête est un peu gonflée. Dans ce cas on leur frotte la tête et le dessus des ailes avec de l'huile d'olives. Si ce moyen ne suffit pas, on emploie de l'onguent mercuriel très doux, dans la proportion de moitié de la grosseur d'un petit pois pour chacun. On a la précaution, pendant ce traitement, que du reste on fait en même temps subir à la poule, parce que c'est elle qui communique cette vermine aux petits, de tenir les faisandeaux exposés au soleil, ou, si le temps est froid, de les renfermer dans une caisse bien chaude.

Tels sont succinctement et dans leur ordre alphabétique, les principales maladies auxquelles les faisandeaux sont sujets, ainsi que les divers remèdes par l'application immédiate desquels on doit essayer de les combattre. Nous bornerons à cette analyse rapide cet article, déjà bien long sans doute, heureux si, en traitant un sujet par lui-même si ingrat et si aride, nous avons, aux yeux de quelques-uns de nos lecteurs, atteint le but que nous nous sommes proposé en commençant, celui d'instruire tout juste assez ceux d'entr'eux qui voudraient établir une faisanderie, soit comme spéculation, soit comme objet de plaisir, pour qu'ils ne perdent pas entièrement et leur temps et leur argent et leurs peines.

LÉON BERTRAND.

QUELQUES INSTRUCTIONS PRATIQUES

RELATIVES A

L'ÉTABLISSEMENT D'UNE FAISANDERIE

ET A

L'ÉDUCATION DES FAISANS.

DE L'ÉTABLISSEMENT D'UNE FAISANDERIE.

C'est toujours dans le centre de la propriété que doit être établie une faisanderie, par la raison toute simple que le faisan est un gibier coureur qui affectionne peu l'endroit où il est né et s'écarte souvent jusque sur les terres voisines. Habitué à quitter le bois pour aller au gagnage sur les terrains cultivés ou sur les chaumes, il fait d'assez grands trajets pour s'y rendre, soit le matin au lever du soleil, soit le soir avant son coucher.

Il faut, autant que possible, placer une faisanderie dans un site plat et élevé, vu que dans les vallées et dans les fonds les nuits ainsi que les matinées sont très fraîches dès le mois d'août, ce qui peut compromettre la santé des jeunes faisandeaux.

L'enclos doit être fermé de murs de deux mètres de hauteur au moins avec chaperons en tuiles formant saillie au dehors, pour s'opposer à l'introduction des bêtes puantes.

On placera le logement du faisandier au Midi, et on construira les parquets destinés à renfermer les faisans à droite et à gauche de l'habitation.

Chaque parquet devant contenir un coq et six poules, doit avoir cinq mètres carrés et deux mètres de hauteur, et être construit moitié en maçonnerie, moitié en grillage. Le dessus, à ciel ouvert, sera fermé par un simple filet, soit en cordes, soit en fil de fer. Dans le centre sera placé un poteau avec traverses en bois, destiné à servir de juchoir aux faisans qui veulent se per-

cher; et au fond sera élevée une espèce de cabane en maçonnerie avec double sortie sur les côtés, destinée à offrir aux oiseaux une espèce de retraite en cas de pluie.

Dans une faisanderie bien disposée, il faut réserver une certaine portion du terrain pour le mettre en culture, de manière à ménager plus tard une nourriture naturelle aux élèves. Il faut aussi y planter quelques remises, tant pour procurer de l'ombre aux faisans que pour les défendre contre les oiseaux de proie et les garantir à l'occasion des froids et du mauvais temps. Ces remises, composées de différentes essences et semées çà et là d'arbres verts dont le couvert protecteur et feuillu offre un branchage commode aux élèves, doivent être placées au Midi et séparées entre elles par des allées parallèles d'environ trois mètres de large, dans lesquelles on dispose, au moment convenable, les compagnies de faisandeaux.

DE LA MISE EN PARQUETS ET DE LA PONTE.

Une faisanderie ainsi établie peut contenir facilement deux cent cinquante élèves par hectare.

C'est du 1er février au 1er mars que l'on doit renfermer dans les parquets les faisans réservés pour la ponte, en ayant soin de mettre dans chacun d'eux, comme nous l'avons dit plus haut, un coq et une demi-douzaine de poules.

Les faisans d'un et de deux ans sont les meilleurs pour la reproduction.

Aussitôt que les choix sont faits et les faisans renfermés, on les nourrit en leur donnant du blé à discrétion. Il faut commencer à les échauffer vers le 15 mars, en leur donnant, par parquets, c'est-à-dire pour six poules et un coq, deux œufs durs hachés et un sixième de chenevis, le tout mêlé avec le blé dans la proportion de six litres de froment contre un litre de chenevis.

Les poules-faisanes commencent à pondre du 8 au 20 avril; le plus ou moins de précocité dépend du plus ou moins de chaleur de la température et de la plus ou moins bonne exposition des parquets. Ceux qui se trouvent placés au Midi, le long d'un mur, auront, grâce à cet abri naturel, au moins huit jours d'avance sur ceux qui sont autrement situés.

Les poules-faisanes mises en parquets, y pondent habituellement de quinze à dix-huit œufs. La ponte dure depuis le 8 avril jusqu'au 1er juin. Passé cette époque, il y a des poules qui pondent encore; mais alors la majeure partie des œufs sont clairs, et si quelques-uns se trouvent fécondés, la saison est déjà bien avancée pour que les faisandeaux viennent bien.

DE L'INCUBATION.

Dans une faisanderie où l'on a l'intention de faire plusieurs cents d'élèves, il faut que tous les faisandeaux soient éclos dans le délai d'un mois, à partir du 20 mai au 20 juin.

Si l'éclosion se prolongeait plus long-temps, les premiers faisandeaux feraient périr les derniers, attendu que le faisan est un gibier très querelleur et méchant. Lorsque les élèves ont six semaines, deux mois, ils commencent à se battre entre eux au moment des repas, surtout lorsqu'ils se trouvent réunis en assez grand nombre. Les plus forts chassent les plus faibles, et s'ils ne les tuent pas à coups de bec, ils ne les font pas moins périr à la longue, en les empêchant d'approcher à l'heure où le faisandier leur distribue leur nourriture habituelle.

Il faut commencer à mettre à couver les œufs du 15 au 20 avril, suivant que la ponte a été plus ou moins hâtive. Pour obtenir de bons résultats, il ne faut jamais laisser vieillir les œufs plus d'une quinzaine. Mais, dans tous les cas, la meilleure méthode pour bien tirer parti de la ponte est de mettre à couver tous les quatre ou cinq jours, de manière à n'avoir pas toutes les éclosions à la fois, et d'échelonner convenablement les différents âges des futurs élèves.

L'incubation dure vingt-cinq jours; mais, comme il n'y a point de règle sans exception, cela varie quelquefois par suite du plus ou moins de chaleur de la poule et du plus ou moins d'assiduité qu'elle a mise à couver.

Souvent on est tout étonné, lorsqu'on a mis un certain nombre d'œufs sous les poules, de n'obtenir que de minces résultats, quelquefois même de n'aboutir qu'à une déception complète. Cela dépend beaucoup de la propreté et des soins qu'il ne faut pas négliger d'apporter dans cette opération délicate. Il suffit d'un seul œuf cassé dans tout le cours de l'incubation, pour vicier le reste de la couvée.

Le premier soin à prendre avant de placer les œufs de faisan sous les couveuses, c'est de s'assurer si elles sont bien disposées à couver. On fera donc bien, au préalable, de les essayer avec des œufs ordinaires, et quand, au moyen de cette épreuve, on sera bien sûr de leurs bonnes dispositions, alors on leur confiera, suivant la force de chaque poule, de quinze à dix-sept œufs par couveuse (1).

Les paniers dans lesquels on les renferme, doivent avoir comme grandeur cinquante centimètres de large sur trente-cinq centimètres de hauteur, le couvercle doit être recouvert d'une forte toile.

Pendant tout le cours de l'incubation, on lèvera les poules en les prenant avec précaution sur leur nid, et on les mettra une demi-heure environ sous une mue placée sur un fond sablé, afin qu'après avoir mangé et s'être vidées, elles puissent se vanner dans la poussière. On aura soin de leur donner à boire dans une petite terrine. Quant à la nourriture, une simple poignée d'orge suffit.

La pièce destinée à la couverie doit être saine et placée dans un endroit isolé et tranquille. Il faut avoir soin de tenir les volets des fenêtres hermétiquement fermés, de manière à y entretenir un demi-jour sinon une obscurité complète : une trop grande clarté inquiéterait les poules et pourrait les distraire de leurs fonctions.

DE L'ÉCLOSION.

Dès que les petits sont éclos, il faut les tirer de dessous la poule et les mettre dans une petite boîte bien close, garnie intérieurement de laine pour qu'ils s'y ressuient et y passent la nuit. Sans cette précaution, la poule en étoufferait immanquablement quelques-uns. On placera cette boîte, en ayant soin d'en entrebâiller un peu le couvercle pour que les faisandeaux puissent respirer, dans un endroit où la chaleur soit tempérée.

Le lendemain, on prendra les faisandeaux et on les mettra sous leur mère

(1) Les poules que l'on doit habituellement choisir pour faire couver des œufs de faisan, sont des poules communes de moyenne grosseur, achetées dans les fermes voisines. Trop petites, elles présentent l'inconvénient de ne pouvoir échauffer qu'un certain nombre d'œufs. Trop fortes, elles ont celui non moins grave d'en écraser quelques-uns ou d'étouffer les petits lorsque l'éclosion a eu lieu. En Allemagne, on emploie de préférence des dindes, dans la plupart des faisanderies, à cause de l'assiduité et de la patience avec lesquelles cet oiseau reste sur son nid. Il s'agit de savoir si cet avantage incontestable balance l'inconvénient signalé plus haut. Pour notre compte nous ne le pensons pas.

adoptive (douze par chaque poule), dans une boîte ou parquet de un mètre vingt-huit centimètres de longueur sur quarante centimètres de largeur et trente-quatre centimètres de hauteur. A l'une des extrémités se trouve un compartiment séparé, ayant comme dimension quarante centimètres carrés, dans lequel on renferme la poule. La séparation consiste en quelques tringles en fer ou en simples barreaux de bois espacés à cinq centimètres l'un de l'autre, pour permettre aux petits de circuler dans toute la longueur de la boîte et de rentrer quands ils veulent sous l'aile maternelle.

Les deux premiers jours on placera cette boîte dans le bâtiment des élèves, s'il en existe un. Dans le cas où l'on n'aurait point de pièce convenable, on exposera la boîte dans un endroit bien abrité et, autant que possible, situé au Midi, afin que la chaleur vivifiante du soleil fortifie ces frêles existences.

Le cinquième jour on donnera un peu plus de liberté aux élèves, en étendant le cercle trop restreint de leur premier domaine. On réunira leur boîte, dont l'extrémité à coulisse ouvre et se ferme à volonté, à un parquet volant formé à l'aide d'un grillage en fil de fer ou de simples claies d'osier, ayant comme dimension deux mètres carrés sur un mètre de hauteur.

Les soins à donner aux poules consistent simplement à nettoyer soir et matin leur étroite cellule. On profitera de ce moment pour leur donner à manger, et le soir on leur mettra un peu de sable afin de neutraliser pendant la nuit la mauvaise odeur qui pourrait nuire aux petits placés sous elles. On aura aussi la précaution de fermer la boîte avec le couvercle en forme de toit à deux versants, qui sert la nuit et même le jour, en cas de mauvais temps, à mettre à l'abri mère et élèves. Enfin, pour assurer à ceux-ci un degré de chaleur convenable et les maintenir sous leur mère jusqu'au lendemain, on les renfermera avec cette dernière en appliquant au compartiment dans lequel elle se trouve, la porte à coulisse placée à l'autre extrémité de la boîte.

Lorsque les faisandeaux ont dix jours, on les retire de ce parquet et on les place avec la poule et la boîte dans l'une des allées de la faisanderie.

A quinze jours on ôte la poule de la boîte et on l'attache par la patte, au moyen d'un ruban en toile, à un piquet placé au pied d'une hutte en paille ayant à peu près la forme d'une ruche et qui est destinée à servir d'abri et à la mère et aux petits.

Lorsque les faisandeaux ont atteint l'âge de deux mois, on retire la poule et la hutte. A cet âge ils se suffisent complètement à eux-mêmes et peuvent sans inconvénient se passer des soins maternels.

DE LA NOURRITURE A DONNER AUX FAISANDEAUX. — DE LA MANIÈRE DE LA RÉGLER.

Le premier jour où l'on place les faisandeaux nouvellement éclos dans la boîte avec la poule qui les a couvés, on se contente de leur donner quelques œufs de fourmis de la petite espèce, si c'est possible (1). Dans cette première journée ils mangent fort peu et ne vivent, pour ainsi dire, qu'artificiellement; la chaleur maternelle leur suffit.

Le second jour, on leur donnera à boire dans une petite terrine plate, en forme de lampion, afin qu'ils ne puissent pas se noyer, et on aura le soin de s'assurer plusieurs fois dans la journée si ce vase, placé de manière à ce qu'il serve à deux fins, c'est-à-dire qu'il soit à la portée de la poule, n'est pas à sec, l'eau leur étant indispensable, surtout dans le premier âge.

Quant à la nourriture quotidienne, à partir du second jour, on la règlera dans l'ordre et la proportion que voici :

(1) Ces fourmilières se rencontrent principalement dans les prés et autres terres en culture.

Les premiers repas doivent avoir lieu à cinq et à sept heures du matin, et consister en œufs de fourmis.

A neuf heures, on leur en servira un troisième, composé de mie de pain de première qualité, bien émiettée, et d'œufs durs bien hachés, le tout mêlé dans une proportion convenable.

A onze heures, une heure et trois heures, se feront trois autres distributions d'œufs de fourmis ; à cinq heures, on recommencera le même repas qu'à neuf heures ; et, enfin, la dernière ration, consistant en œufs de fourmis, se distribuera à sept heures du soir.

Jusqu'à l'âge d'un mois, on continuera de régler la nourriture des élèves de la manière indiquée ci-dessus, en ayant soin d'observer que, pendant les quinze premiers jours, ils doivent être servis assez copieusement pour renoncer à chaque repas, tandis que pendant les quinze derniers, il ne faut, au contraire, leur servir que leur suffisance.

Lorsque les faisandeaux auront un mois, on leur donnera :

A cinq heures du matin, un premier repas d'œufs de fourmis.

A neuf heures, un second repas de mie de pain et d'œufs durs, auxquels on ajoutera une certaine quantité de bon blé.

A une heure, un troisième repas d'œufs de fourmis ou de vers blancs, communément dits asticots.

A cinq heures du soir, répétition du même repas qu'à neuf heures.

Et enfin, à sept heures, dernière distribution, consistant soit en œufs de fourmis, soit en vers, que l'on aura toujours le soin de donner vivants.

Jusqu'à l'âge de deux mois, il n'y a rien à changer à ce régime.

Passé cette époque critique, les élèves se passeront facilement et de vers et d'œufs de fourmis. En leur donnant à discrétion moitié orge et moitié froment, en deux repas, servis l'un le matin, l'autre le soir, ils seront en parfaite santé.

A trois mois, âge auquel ils passent à l'état adulte, on pourra, sans inconvénient, leur supprimer le blé et ne leur donner que de l'orge, en les réglant à un décalitre environ pour cent faisans.

DES MALADIES QUI ATTAQUENT LES FAISANDEAUX.

Les faisandeaux sont sujets à trois maladies principales :

La première les attaque dans les huit premiers jours de leur existence. Ils ne prennent que peu de nourriture, deviennent tristes, boudeurs, et périssent en peu de temps. Cette maladie est occasionnée par les temps froids et arides. En prenant dès le principe tous les soins nécessaires pour tenir chaudement les faisandeaux souffrants, on parvient à en sauver quelques-uns.

La deuxième maladie les prend à l'âge de quinze jours, un mois. C'est une humeur qui se porte aux yeux ; elle a pour principe la trop grande quantité de faisandeaux réunis sous la même mère. Cette affection est contagieuse ; mais il est facile d'y parer avec un peu d'attention et d'expérience.

La troisième maladie se déclare à l'âge de cinq à six semaines. Elle commence par une dysenterie qui les fait peu à peu dépérir. Ils continuent à manger, mais ils ne profitent plus et finissent par devenir tout-à-fait étiques. Occasionnée par les temps orageux, de même que par les temps froids et humides, cette maladie, la plus dangereuse des trois, est à peu près incurable.

ADRIEN ROUZÉ, *ex-garde faisandier.*

Faisanderie de Saint-Germain, le 1er février 1851.

Paris. — Imprimerie H. SIMON DAUTREVILLE et Ce, rue Neuve-des-Bons-Enfants, 3.

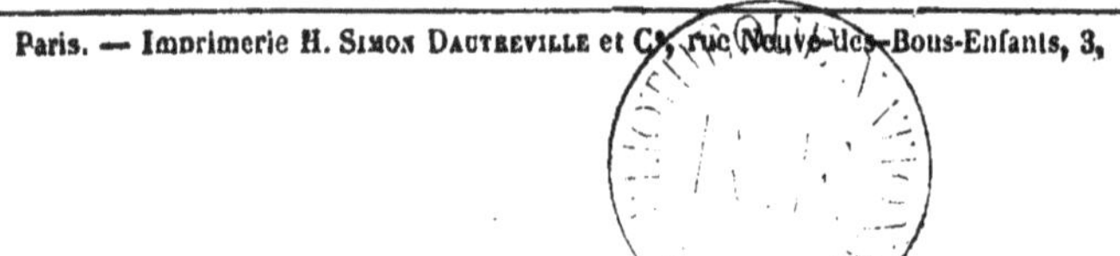

www.ingramcontent.com/pod-product-compliance
Ingram Content Group UK Ltd.
Pitfield, Milton Keynes, MK11 3LW, UK
UKHW021955260726
13994UKWH00004B/1754

9 782329 409467